河南省工程建设标准

混凝土保温幕墙工程技术规程

Technical specification for concrete curtain walls with insulation layer engineering

DBJ41/T112—2016

主编单位:河南省第一建筑工程集团有限责任公司
河南锦源建设有限公司
批准单位:河南省住房和城乡建设厅
施行日期:2016 年 7 月 1 日

黄河水利出版社
2016 郑 州

图书在版编目(CIP)数据

混凝土保温幕墙工程技术规程/河南省第一建筑工程集团有限责任公司,河南锦源建设有限公司主编. —郑州:黄河水利出版社,2016.6

ISBN 978 - 7 - 5509 - 1446 - 9

Ⅰ.①混…　Ⅱ.①河…②河…　Ⅲ.①混凝土结构 - 保温 - 墙 - 技术操作规程　Ⅳ.①TU761.1 - 65

中国版本图书馆 CIP 数据核字(2016)第 129918 号

策划编辑:王文科　电话:0371 - 66025273　E-mail:15936285975@163.com

出 版 社:黄河水利出版社

地址:河南省郑州市顺河路黄委会综合楼 14 层　邮政编码:450003

发行单位:黄河水利出版社

发行部电话:0371 - 66026940、66020550、66028024、66022620(传真)

E-mail:hhslcbs@126.com

承印单位:河南承创印务有限公司

开本:850 mm × 1 168 mm　1/32

印张:1.75

字数:44 千字　　印数:1—3 000

版次:2016 年 6 月第 1 版　　印次:2016 年 6 月第 1 次印刷

定价:24.00 元

河南省住房和城乡建设厅文件

豫建设标〔2016〕28号

河南省住房和城乡建设厅关于发布河南省工程建设标准《混凝土保温幕墙工程技术规程》的通知

各省辖市、省直管县(市)住房和城乡建设局(委),郑州航空港经济综合实验区市政建设环保局,各有关单位:

河南省工程建设标准《混凝土保温幕墙工程技术规程》(DBJ41/T112—2012)由河南省第一建筑工程集团有限责任公司、河南锦源建设有限公司进行了修订,已通过评审,现予批准发布,编号为DBJ41/T112—2016,自2016年7月1日起在我省施行,原《混凝土保温幕墙工程技术规程》(DBJ41/T112—2012)同时作废。

此标准由河南省住房和城乡建设厅负责管理,技术解释由河南省第一建筑工程集团有限责任公司、河南锦源建设有限公司负责。

河南省住房和城乡建设厅

2016年5月5日

前　言

混凝土保温幕墙是由混凝土面层与保温板材组成的、不承担主体结构荷载与作用的建筑保温外围护结构。具有保温层和建筑物同寿命，达到防火性能 A 级标准，能提高面砖粘贴的安全性和耐久性，可以用于既有建筑的节能改造等特点。

本规程是在《混凝土保温幕墙工程技术规程》DBJ41/T112—2012 的基础上，根据混凝土保温幕墙在实际工程应用中发现的问题，经总结已有经验、征求意见后修订而成。

本次修订的主要内容包括：

1　增加了在加气混凝土砌块填充墙上设置混凝土保温幕墙的构造参考做法及热工性能参数。

2　混凝土保温幕墙分项工程按照《建筑工程施工质量验收统一标准》GB 50300 规定，属建筑节能分部工程维护系统节能分项工程。

3　根据施工经验，完善了后置混凝土保温幕墙连接件的安装方法。

4　统一了现浇混凝土保温幕墙和后置混凝土保温幕墙外观质量的验收标准。

本规程主要内容包括：1 总则；2 术语；3 材料；4 性能与构造；5 结构设计；6 施工；7 验收。

本规程由河南省住房和城乡建设厅负责管理，由河南省第一建筑工程集团有限责任公司负责具体技术内容的解释。在执行时如需修改和补充，请将意见寄送河南省第一建筑工程集团有限责任公司（地址：郑州市航海东路 246 号，邮编：450009）。

主编单位:河南省第一建筑工程集团有限责任公司
河南锦源建设有限公司

参编单位:河南省建筑科学研究院有限公司
河南省土木建筑学会
河南省华亿绿色建材有限公司
河南国安建设集团有限公司
河南红旗渠建设集团有限公司
泰宏建设发展有限公司
河南成兴建设工程有限公司
河南省金昌润建筑工程有限公司

主要起草人:谢继义 栾景阳 职晓云 胡保刚
李　涯 张存钦 耿　丽 郭士干
王志贤 郭　强 郝卫增 党付典
周文阳 李志锋 樊　璐 李小叶
王　晓 李云朝 张国杰 郭永良
张奇可 周　倩 肖庆丰 侯利敏
耿洪霞 李建民 杜　萌 胡伦坚

主要审查人员:刘立新 张　维 鲁性旭 季三荣
唐　丽 雷　霆 张利萍

目　　次

1　总　则 ………………………………………………… 1
2　术　语 ………………………………………………… 2
3　材　料 ………………………………………………… 3
　3.1　一般规定 ………………………………………… 3
　3.2　材料性能 ………………………………………… 3
4　性能与构造 ……………………………………………… 5
　4.1　一般规定 ………………………………………… 5
　4.2　性能要求 ………………………………………… 5
　4.3　构造要求 ………………………………………… 5
　4.4　防火与防雷设计 ………………………………… 6
　4.5　热工设计 ………………………………………… 6
5　结构设计 ………………………………………………… 7
　5.1　一般规定 ………………………………………… 7
　5.2　荷载和作用 ……………………………………… 8
　5.3　混凝土面层设计…………………………………… 10
　5.4　连接件设计………………………………………… 10
6　施　工………………………………………………… 12
　6.1　一般规定…………………………………………… 12
　6.2　模板子项工程……………………………………… 12
　6.3　保温板子项工程…………………………………… 13
　6.4　钢筋子项工程……………………………………… 13
　6.5　混凝土子项工程…………………………………… 14
7　验　收………………………………………………… 16
　7.1　一般规定…………………………………………… 16

7.2 模板和钢筋子项工程…………………………………… 17
7.3 保温板子项工程…………………………………………… 18
7.4 混凝土子项工程…………………………………………… 19
附录 A 混凝土保温幕墙构造参考做法及热工性能参数 …… 23
附录 B 预埋件设计 ………………………………………… 27
本规程用词说明 ……………………………………………… 30
引用标准名录 ………………………………………………… 31
附:条文说明…………………………………………………… 33

1 总 则

1.0.1 为规范混凝土保温幕墙工程技术要求,保证工程质量,做到技术先进、安全可靠、经济合理,制定本规程。

1.0.2 本规程适用于新建民用建筑和既有民用建筑节能改造混凝土保温幕墙工程的设计、施工及验收。

1.0.3 混凝土保温幕墙工程除应符合本规程外,还应符合国家和省现行有关标准的规定。

2 术 语

2.0.1 混凝土保温幕墙 concrete curtain wall with insulation layer

由混凝土面层与保温板材组成的、不承担主体结构荷载与作用的建筑外墙外保温构造。包括现浇混凝土保温幕墙、后置混凝土保温幕墙。

2.0.2 现浇混凝土保温幕墙 cast-in-situ concrete curtain wall with insulation layer

与主体结构同步施工的混凝土保温幕墙。

2.0.3 后置混凝土保温幕墙 post concrete curtain wall with insulation layer

主体结构或建筑围护墙体施工完成后再施工的混凝土保温幕墙。

2.0.4 硅酮建筑密封胶 weather proofing silicone sealant

幕墙嵌缝用的低模数中性硅酮密封材料。

3 材　料

3.1 一般规定

3.1.1 混凝土保温幕墙系统主要组成材料包括保温板、钢筋、混凝土、钢材连接件、硅酮建筑密封胶等。

3.1.2 混凝土保温幕墙系统选用的材料应符合国家现行有关标准的规定及设计要求，并应有出厂合格证。

3.2 材料性能

3.2.1 保温材料的性能应符合表3.2.1的要求。

表3.2.1 保温材料性能要求

检验项目	保温材料		试验方法
	EPS	XPS	
密度(kg/m^3)	20～22	30～32	GB/T 6343
导热系数[W/(m·K)]	≤0.039	≤0.03	GB/T 10294
水蒸气渗透系数[ng/(Pa·m·s)]	符合设计要求		JGJ 144
压缩强度(MPa)(形变10%)	≥0.10	≥0.20	GB/T 8813
抗拉强度(MPa)(干燥状态)	≥0.10	≥0.10	JGJ 144
尺寸稳定性(%)	≤3	≤1.5	GB/T 8811
燃烧性能级别	不低于B_2级		GB 8624

3.2.2 混凝土强度等级应符合耐久性要求，且不应低于C25。

3.2.3 钢材

1 钢板应符合国家标准《碳素结构钢和低合金结构钢热轧厚钢板和钢带》GB/T 3274的规定。

2 角钢应符合国家标准《热轧型钢》GB/T 706的规定。

3 钢筋应符合国家标准《钢筋混凝土用钢　第1部分：热轧光圆钢筋》GB 1499.1的规定。

4 钢筋焊接网应符合国家标准《钢筋混凝土用钢　第3部分：钢筋焊接网》GB/T 1499.3的规定。

3.2.4 硅酮建筑密封胶用于混凝土保温幕墙板缝处密封防水处理，其性能应满足《硅酮建筑密封胶》GB/T 14683的规定。

4　性能与构造

4.1　一般规定

4.1.1　混凝土保温幕墙的色调、构图和线型等立面构成，应与建筑物立面其他部位协调。

4.1.2　混凝土保温幕墙宜附着在建筑物的实心外围护结构上，加气混凝土砌块和空心砌块外维护结构采用的混凝土保温幕墙应采取可靠的连接锚固措施。

4.2　性能要求

4.2.1　保温性能应符合本规程 4.5 热工设计的有关规定。

4.2.2　安全性能应符合本规程 5 结构设计的有关规定。

4.3　构造要求

4.3.1　混凝土保温幕墙的混凝土面层厚度不应小于 50 mm。

4.3.2　混凝土保温幕墙的混凝土面层应设置缩缝和胀缝。

缩缝间距不应超过 4 m，缩缝的构造做法见图 4.3.2(a)，缩缝的切缝深度不应切断混凝土面层内钢筋。

胀缝间距不应超过 20 m，胀缝的构造做法见图 4.3.2(b)，胀缝边沿 50 ~ 100 mm 范围内应设置连接件。

各类装饰面层不应覆盖缩缝和胀缝。

4.3.3　混凝土保温幕墙须满足主体结构抗震缝、伸缩缝、沉降缝要求，并应保证混凝土保温幕墙自身的功能性和完整性。

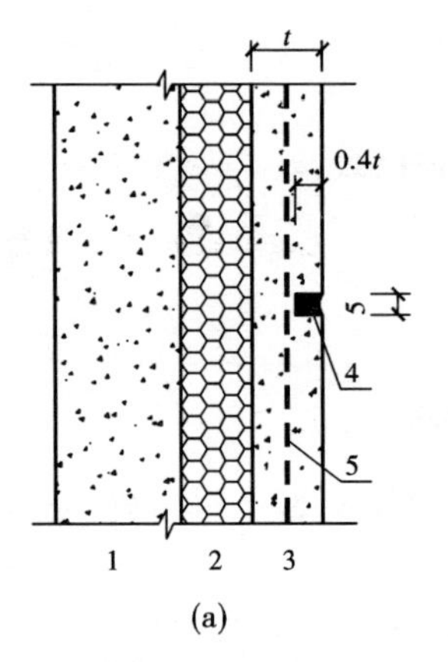

(a)

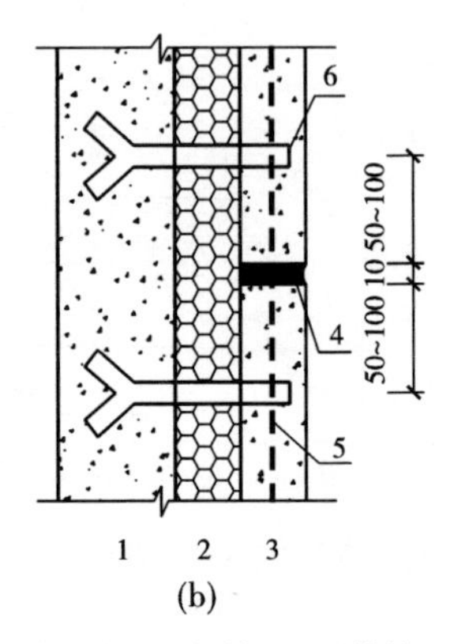

(b)

1—幕墙基层;2—保温层;3—混凝土面层;4—密封胶;5—钢筋;6—连接件

图 4.3.2 缩缝、胀缝构造做法 （单位:mm）

4.4 防火与防雷设计

4.4.1 混凝土保温幕墙的防火设计除应符合《建筑设计防火规范》GB 50016 的有关规定外,还应保证保温板材不外露。

4.4.2 混凝土保温幕墙的防雷设计除应符合《建筑物防雷设计规范》GB 50057 的有关规定外,还应经建筑设计单位认可。

4.5 热工设计

4.5.1 混凝土保温幕墙的传热系数 K 值和热惰性指标 D 值,按国家现行有关标准规定计算。

4.5.2 不同构造做法混凝土保温幕墙的传热系数 K 值和热惰性指标 D 值可按附录 A 采用。

5 结构设计

5.1 一般规定

5.1.1 混凝土保温幕墙应按维护结构进行设计。幕墙的主要结构件应附着在主体结构上,幕墙在进行结构设计计算时,不应考虑分担主体结构所承受的荷载和作用,只应考虑直接施加其上所承受的荷载与作用。

5.1.2 混凝土保温幕墙及其连接件应具有足够的承载力、刚度和相对于主体结构的位移能力。

5.1.3 有抗震设计要求的混凝土保温幕墙在设防烈度地震作用下经维修后仍可使用;在罕遇地震作用下,混凝土保温幕墙不得脱落。

5.1.4 混凝土保温幕墙构件的设计,在永久荷载(幕墙保温板、混凝土面层和连接件的重量)、设计风荷载、设防烈度地震和主体结构变形影响下,应具有安全性。

5.1.5 混凝土保温幕墙构件应采用弹性方法计算内力与位移,并应符合下列规定:

1 应力或承载力

$$S \leqslant R \tag{5.1.5-1}$$

2 位移或挠度

$$u \leqslant [u] \tag{5.1.5-2}$$

式中 S——荷载或作用产生的截面内力设计值;

R——截面承载力设计值;

u——荷载或作用标准值产生的位移或挠度;

$[u]$——位移或挠度限值。

5.1.6 荷载或作用的分项系数应按下列规定采用:

1 进行混凝土保温幕墙构件、连接件和预埋件承载力计算时:

永久荷载分项系数 $\gamma_G = 1.2$;

风荷载分项系数 $\gamma_W = 1.4$;

地震作用分项系数 $\gamma_E = 1.3$。

2 进行位移和挠度计算时:

永久荷载分项系数 $\gamma_G = 1.0$;

风荷载分项系数 $\gamma_W = 1.0$;

地震作用分项系数 $\gamma_E = 1.0$。

5.1.7 当有两个以上的可变荷载或作用(风荷载、地震作用)效应组合时,第一个可变荷载或作用效应的组合值系数应按1.0采用,第二个可变荷载或作用效应的组合值系数应按0.6采用。

5.1.8 结构设计时,应根据结构受力特点、荷载或作用的情况和产生的应力(内力)作用的方向,选用最不利的组合。荷载和作用效应组合设计值,应按式(5.1.8)采用:

$$\gamma_G S_G + \gamma_W \psi_W S_W + \gamma_E \psi_E S_E \qquad (5.1.8)$$

式中 S_G——永久荷载产生的效应;

S_W、S_E——风荷载、地震作用作为可变荷载和作用产生的效应,按不同的组合情况,二者可分别作为第一、第二个可变荷载和作用产生的效应;

γ_G、γ_W、γ_E——各效应的分项系数,应按本规程第5.1.6条的规定采用;

ψ_W、ψ_E——风荷载作用和地震作用效应的组合系数,应按本规程第5.1.7条的规定取值。

5.2 荷载和作用

5.2.1 幕墙材料的自重标准值应按下列数值采用:

保温材料 $0.3\ kN/m^3$;

钢材　　　　78.5 kN/m³；

混凝土　　　25.0 kN/m³。

5.2.2 作用于幕墙上的风荷载标准值应按式(5.2.2)计算，且不应小于1.0 kN/m²：

$$\omega_k = \beta_{gz} \mu_z \mu_s \omega_o \tag{5.2.2}$$

式中 ω_k——作用于幕墙上的风荷载标准值，kN/m²；

β_{gz}——阵风系数，可取2.25；

μ_s——风荷载体型系数，竖直幕墙外表面可按±1.5采用，斜幕墙风荷载体型系数可根据实际情况，按现行国家标准《建筑结构荷载规范》GB 50009的规定采用，当建筑物进行了风洞试验时，幕墙的风荷载体型系数可根据风洞试验结果确定；

μ_z——风压高度变化系数，应按现行国家标准《建筑结构荷载规范》GB 50009的规定采用；

ω_o——基本风压，kN/m²，应按现行国家标准《建筑结构荷载规范》GB 50009的规定采用。

5.2.3 垂直于幕墙平面的分布水平地震作用标准值应按式(5.2.3)计算：

$$F_{Evk} = \frac{\beta_E \alpha_{max} G}{A} \tag{5.2.3}$$

式中 F_{Evk}——垂直于幕墙平面的分布水平地震作用标准值，kN/m²；

G——幕墙保温板、混凝土面层和连接件的重量，kN；

A——幕墙构件的面积，m²；

α_{max}——水平地震影响系数最大值，6度抗震设计时可取0.04，7度抗震设计时可取0.08，8度抗震设计时可取0.16。

β_E——动力放大系数，可取5.0。

5.2.4　平行于幕墙平面的集中水平地震作用标准值应按式(5.2.4)计算：

$$F_{Ek} = \beta_E \alpha_{max} G \tag{5.2.4}$$

式中　F_{Ek}——平行于幕墙平面的集中水平地震作用标准值，kN；

G——幕墙保温板、混凝土面层和连接件的重量，kN；

α_{max}——地震影响系数最大值，可按本规程第5.2.3条的规定采用；

β_E——动力放大系数，可取5.0。

5.3　混凝土面层设计

5.3.1　混凝土面层的混凝土强度等级不应低于C25，不宜高于C40。

5.3.2　混凝土面层内钢筋直径不应小于4 mm。钢筋间距不宜大于2倍混凝土面层厚度。

5.3.3　混凝土面层内钢筋的保护层厚度不应小于20 mm。

5.3.4　混凝土面层中由各种荷载和作用产生的最大应力标准值应按本规程第5.1.7条的规定进行组合，按混凝土面层与连接件的连接方式进行计算，按《钢筋焊接网混凝土结构技术规程》JGJ 114的规定进行设计。

5.4　连接件设计

5.4.1　连接件应使用厚度不小于4 mm的型钢。

5.4.2　连接件间距不宜大于1 m。在距离幕墙混凝土面层边沿、胀缝50～100 mm范围内应设置连接件。

5.4.3　连接件应能承受混凝土面层的永久荷载、风荷载、地震作用。连接件应进行承载力计算。

5.4.4　连接件与主体结构的锚固强度应大于连接件本身承载力设计值。

5.4.5 与连接件直接相连接的主体结构件,其承载力应大于连接件承载力。

5.4.6 连接件与混凝土面层应连接可靠。连接件的焊缝强度和局部承压计算,应符合《钢结构设计规范》GB 50017 的有关规定。

5.4.7 现浇混凝土保温幕墙的连接件在主体结构混凝土施工时埋入;后置混凝土保温幕墙的连接件宜在主体结构施工时埋设,既有民用建筑节能改造在主体结构上设置。

5.4.8 预埋件设计应按本规程附录 B 的规定进行。

6 施 工

6.1 一般规定

6.1.1 混凝土保温幕墙工程施工现场质量管理应有相应的施工技术标准、健全的质量管理体系、施工质量控制和质量检验制度。

6.1.2 混凝土保温幕墙工程施工应编制施工组织设计或施工技术方案,并经审查批准。

6.1.3 现浇混凝土保温幕墙施工包括模板、钢筋、连接件和保温板安装,混凝土浇筑,分缝处理等施工过程。

6.1.4 后置混凝土保温幕墙施工包括连接件设置、保温板和钢筋安装、混凝土涂抹、分缝处理等施工过程。连接件宜在主体结构施工时埋设。

6.2 模板子项工程

6.2.1 模板系统应按《建筑施工模板安全技术规范》JGJ 162 的规定进行设计。

6.2.2 连接件、预埋件、预留洞应按设计要求设置牢固,保证在施工过程中不发生位移。

6.2.3 在浇筑混凝土之前应对模板系统进行验收。模板安装和浇筑混凝土时应对模板系统进行观察和维护,发生异常情况时应按施工技术方案及时进行处理。

6.2.4 模板拆除的顺序及安全措施应按施工技术方案执行。

6.3 保温板子项工程

6.3.1 保温板分项工程应对下列部位或内容留存文字记录和必要的图像资料:

1 被封闭的保温材料厚度。

2 保温板固定方法。

3 墙体热桥部位处理。

6.3.2 保温板的品种、规格和厚度应符合设计要求和相关标准的规定。

6.3.3 保温板进场时应对其导热系数、燃烧性能、密度、抗压强度或压缩强度进行复验。

6.3.4 保温板安装时应保证外观完整无破损。

6.3.5 施工产生的墙体缺陷,应按照施工方案采取隔断热桥措施,不得影响墙体热工性能。

6.4 钢筋子项工程

6.4.1 钢筋和钢筋焊接网的品种、级别或规格必须符合设计要求,力学性能和重量应符合有关标准的规定。

6.4.2 钢筋焊接网、附加钢筋和连接件之间的连接、搭接构造应符合设计要求,保证钢筋焊接网、附加钢筋和连接件之间的连接可靠。

6.4.3 附加钢筋宜在现场绑扎,并应符合现行国家标准《混凝土结构工程施工质量验收规范》GB 50204 的有关规定。

6.4.4 两张钢筋焊接网网片搭接时,在搭接区不超过 600 mm 距离应采用钢丝绑扎一道。在附加钢筋与焊接网连接的每个节点处均应采用钢丝绑扎。

6.4.5 两张钢筋焊接网网片搭接方法应符合施工方案要求。搭接位置必须离开混凝土构件边沿或连接件大于 300 mm,并保证接缝平整严密。

6.4.6 钢筋焊接网安装时,应设置能限制保温板位移和保证保护层厚度的垫块,垫块间距应小于600 mm。

6.5 混凝土子项工程

6.5.1 混凝土的强度等级应符合设计要求。

6.5.2 现浇混凝土保温幕墙所用混凝土的粗集料,其最大颗粒粒径不得超过构件截面最小尺寸的1/4。

6.5.3 混凝土运输、浇筑及间歇的全部时间不应超过混凝土的初凝时间。同一施工段的混凝土应连续浇筑,并应在底层混凝土初凝之前将上一层混凝土浇筑完毕。当底层混凝土初凝后浇筑上一层混凝土时,应按施工技术方案中对施工缝的要求进行处理。

6.5.4 混凝土浇筑时,应及时观测保温板两侧混凝土的高差,严格控制在400 mm以内。

6.5.5 混凝土浇筑时,震捣棒不得碰触保温板及定位垫块,防止保温板在浇筑混凝土过程中移位、变形。

6.5.6 后置混凝土保温幕墙在保温板和钢筋安装完成后,进行混凝土涂抹。混凝土涂抹分两次完成:第一次混凝土涂抹厚度以能够覆盖钢筋焊接网为宜;待混凝土初凝前,进行第二次混凝土涂抹,厚度以20 mm为宜。第二次混凝土涂抹后,应及时收面抹光。

6.5.7 环境温度低于0 ℃时,新浇筑混凝土应采取保温措施。

6.5.8 混凝土浇筑完毕后,应按施工技术方案及时采取有效的养护措施,并应符合下列规定:

1 应在浇筑完毕后的12 h以内对混凝土加以覆盖并保湿养护。

2 混凝土浇水养护的时间:对采用硅酸盐水泥、普通硅酸盐水泥或矿渣硅酸盐水泥拌制的混凝土,不得少于7 d;对掺用缓凝型外加剂的混凝土,不得少于14 d。

3 浇水次数应能保持混凝土处于湿润状态。

4 采用塑料薄膜覆盖养护的混凝土,其裸露的全部表面应覆盖严密,并应保持塑料布内有凝结水。

5 当日平均气温低于 5 ℃时,不得浇水。

6 混凝土表面不便浇水或使用塑料薄膜时,宜涂刷养护剂。

6.5.9 混凝土养护期满,按设计要求进行混凝土保温幕墙分缝处理。分缝的宽度、深度应符合设计规定。

6.5.10 缩缝、胀缝均应嵌入硅酮耐候密封胶。

7 验 收

7.1 一般规定

7.1.1 混凝土保温幕墙分项工程按照《建筑工程施工质量验收统一标准》GB 50300 建筑节能分部工程维护系统节能分项工程验收。应符合下列规定:

1 混凝土保温幕墙工程的检验批验收和隐蔽工程验收应由监理工程师主持,施工单位相关专业的质量检查员与施工员参加。

2 各子项工程验收应由监理工程师主持,施工单位项目技术负责人和相关专业的质量检查员、施工员参加;必要时可邀请设计单位相关专业的人员参加。

3 分项工程验收应由监理工程师(建设单位项目负责人)主持,施工单位项目经理、项目技术负责人和相关专业的质量检查员、施工员参加;施工单位的质量或技术负责人应参加;设计单位设计人员应参加。

7.1.2 混凝土保温幕墙工程的检验批质量验收合格,应符合下列规定:

1 检验批应按主控项目和一般项目验收。

2 主控项目应全部合格。

3 一般项目应合格;当采用计数检验时,至少应有 80% 以上的检查点合格,且其余检查点不得有严重缺陷。

4 应具有完整的施工操作依据和质量验收记录。

7.1.3 各子项工程质量验收合格,应符合下列规定:

1 子项工程所含的检验批均应合格。

2 子项工程所含检验批的质量验收记录应完整。

7.1.4 混凝土保温幕墙分部工程质量验收合格,应符合下列规定:

1 有关子项工程全部合格。

2 质量控制资料完整。

3 观感质量验收合格。

4 混凝土强度等级符合设计要求。

5 外墙节能构造现场实体检验结果应符合设计要求。

7.1.5 混凝土保温幕墙分部工程施工质量验收时,应对下列资料核查,并纳入竣工技术档案:

1 设计文件、图纸会审记录、设计变更和洽商。

2 原材料质量证明文件、进场检验记录、进场核查记录、进场复验报告、见证试验报告。

3 混凝土工程施工记录。

4 混凝土试件的性能试验报告。

5 隐蔽工程验收记录和相关图像资料。

6 子项工程质量验收记录,必要时应核查检验批验收记录。

7 混凝土保温幕墙节能构造现场实体检验记录。

8 工程的重大质量问题的处理方案和验收记录。

9 其他对工程质量有影响的重要技术资料。

7.1.6 混凝土保温幕墙节能构造现场实体检验按《建筑节能工程施工质量验收规范》GB 50411 的规定执行。

7.2 模板和钢筋子项工程

模板和钢筋子项工程按《混凝土结构工程施工质量验收规范》GB 50204 相关规定进行验收。

7.3 保温板子项工程

主控项目

7.3.1 用于混凝土保温幕墙工程的保温板材的品种、规格应符合设计要求和相关标准的规定。

检验方法:观察、尺量检查;核查质量证明文件。

检查数量:按进场批次,每批随机抽取 3 个试样进行检查;质量证明文件应按照其出厂检验批进行核查。

7.3.2 混凝土保温幕墙工程使用的保温材料,其导热系数、密度、抗压强度或压缩强度、燃烧性能应符合设计要求。

检验方法:核查质量证明文件及进场复验报告。

检查数量:全数检查。

7.3.3 混凝土保温幕墙工程采用的保温材料,进场时应对其导热系数、密度、抗压强度或压缩强度进行复验,复验应为见证取样送检。

检验方法:随机抽样送检,核查复验报告。

检查数量:同一厂家同一品种的产品,当单位工程建筑面积小于等于 20 000 m^2时各抽查不少于 3 次;当单位工程建筑面积大于 20 000 m^2时各抽查不少于 6 次。

7.3.4 混凝土保温幕墙工程的施工,应符合下列规定:

1 保温板材的厚度必须符合设计要求。

2 保温板材在模板中的位置应符合设计要求,并按照经过审批的施工方案固定牢固。

检验方法:对照设计和施工方案观察检查,核查隐蔽工程验收记录。

检查数量:每个检验批抽查不少于 3 处。

7.3.5 寒冷地区外墙热桥部位,应按设计要求采取节能保温等隔断热桥措施。

检验方法:对照设计和施工方案观察检查,核查隐蔽工程验收记录。

检查数量:按不同热桥种类,每种抽查20%,并不少于5处。

一般项目

7.3.6 进场节能保温材料与构件的外观和包装应完整无破损,符合设计要求和产品标准的规定。

检验方法:观察检查。

检查数量:全数检查。

7.3.7 设置空调的房间,其外墙热桥部位应按设计要求采取隔断热桥措施。

检验方法:对照设计和施工方案观察检查,核查隐蔽工程验收记录。

检查数量:按不同热桥种类,每种抽查10%,并不少于5处。

7.3.8 施工产生的墙体缺陷,应按照施工方案采取隔断热桥措施,不得影响墙体热工性能。

检验方法:对照施工方案观察检查。

检查数量:全数检查。

7.4 混凝土子项工程

7.4.1 混凝土子项工程对原材料、配合比设计和混凝土施工按《混凝土结构工程施工质量验收规范》GB 50204 的相关规定进行验收。

7.4.2 混凝土保温幕墙的外观质量缺陷的严重程度,按表7.4.2确定。

现浇混凝土保温幕墙拆模后,应由监理(建设)单位、施工单位对外观质量和尺寸偏差进行检查,作出记录,并应及时按施工技术方案对缺陷进行处理。

表 7.4.2 混凝土保温幕墙外观质量缺陷

名称	现象	严重缺陷	一般缺陷
露筋	构件内钢筋未被混凝土包裹而外露	纵向受力钢筋有露筋	其他钢筋有少量露筋
蜂窝	混凝土表面缺少水泥砂浆而形成石子外露	构件主要受力部位有蜂窝	其他部位有少量蜂窝
孔洞	混凝土中孔穴深度和长度均超过保护层厚度	构件主要受力部位有孔洞	其他部位有少量孔洞
夹渣	混凝土中夹有杂物且深度超过保护层厚度	构件主要受力部位有夹渣	其他部位有少量夹渣
疏松	混凝土中局部不密实	构件主要受力部位有疏松	其他部位有少量疏松
裂缝	缝隙从混凝土表面延伸至混凝土内部	构件主要受力部位有影响结构性能或使用功能的裂缝	其他部位有少量不影响结构性能或使用功能的裂缝
连接部位缺陷	构件连接处混凝土缺陷及连接钢筋、连接件松动	连接部位有影响结构传力性能的缺陷	连接部位有基本不影响结构传力性能的缺陷
外形缺陷	缺棱掉角、棱角不直、翘曲不平、飞边凸肋等	清水混凝土构件有影响使用功能或装饰效果的外形缺陷	其他混凝土构件有不影响使用功能的外形缺陷
外表缺陷	构件表面麻面、掉皮、起砂、沾污等	具有重要装饰效果的清水混凝土构件有外表缺陷	其他混凝土构件有不影响使用功能的外表缺陷
保温板位置	保温板位移超过规定	构件主要受力部位有影响	墙体外表面混凝土厚度不足

主控项目

7.4.3 混凝土保温幕墙的外观质量不应有严重缺陷。

对已经出现的严重缺陷,应由施工单位提出技术处理方案,并经监理(建设)单位认可后进行处理。对经处理的部位,应重新检查验收。

检查数量:全数检查。

检验方法:观察,检查技术处理方案。

7.4.4 混凝土保温幕墙不应有影响结构性能和使用功能的尺寸偏差。

对超过尺寸允许偏差且影响结构性能和安装、使用功能的部位,应由施工单位提出技术处理方案,并经监理(建设)单位认可后进行处理。对经处理的部位,应重新检查验收。

检查数量:全数检查。

检验方法:量测,检查技术处理方案。

一般项目

7.4.5 混凝土保温幕墙的外观质量不宜有一般缺陷。

对已经出现的一般缺陷,应由施工单位按技术处理方案进行处理,并重新检查验收。

检查数量:全数检查。

检验方法:观察,检查技术处理方案。

7.4.6 混凝土保温幕墙的尺寸允许偏差和检验方法应符合表7.4.6的规定。

表7.4.6 混凝土保温幕墙的尺寸允许偏差和检验方法

项目		允许偏差(mm)	检验方法
轴线位置		5	钢尺检查
垂直度	层高	8	经纬仪或吊线、钢尺检查
	全高(H)	H/1 000 且≤30	经纬仪、钢尺检查

续表 7.4.6

项目		允许偏差(mm)	检验方法
标高	层高	±10	水准仪或拉线、钢尺检查
	全高	±30	
截面尺寸		+8，-5	钢尺检查
保温板材位移		15	现场实体检验
表面平整度		8	2 m 靠尺和塞尺检查
连接件预埋中心线位置		10	钢尺检查
预留洞中心线位置		15	钢尺检查

注：检查轴线、中心线位置时，应沿纵、横两个方向量测，并取其中的较大值。

检查数量：按楼层、结构缝或施工段划分检验批。在同一检验批墙面内，可按相邻轴线间高度 5 m 左右划分检查面，应抽查构件数量的 10%，且不少于 3 件。

附录 A　混凝土保温幕墙构造参考做法及热工性能参数

表 A　混凝土保温幕墙构造参考做法及热工性能参数

编号	外墙构造	构造做法：各层材料	构造做法：厚度 δ (mm)	墙体总厚度 (mm)	导热系数 λ [W/(m·K)]	蓄热系数 S [W/(m·K)]	修正系数 α	各层热阻 R_i (m²·K/W)	各层热惰性指标	总热阻 $\sum R_i$ (m²·K/W)	传热系数 K [W/(m²·K)]	总热惰性指标 D
1.1	内 外 1 2 3 4	1 水泥砂浆	20		0.93	11.37	1.00	0.02	0.23			
		2 KPI 多孔砖	240		0.58	7.92	1.00	0.41	3.25			
		3 EPS 板	30	340	0.042	0.36	1.30	0.55	0.26	1.01	0.86	3.74
			40	350	0.042	0.36	1.30	0.73	0.35	1.19	0.74	3.83
			50	360	0.042	0.36	1.30	0.92	0.43	1.38	0.65	3.91
			60	370	0.042	0.36	1.30	1.10	0.52	1.56	0.58	3.97
		4 混凝土面层	50		1.74	17.20	1.00	0.03	0.48			
1.2	内 外 1 2 3 4	1 水泥砂浆	20		0.93	11.37	1.00	0.02	0.23			
		2 KPI 多孔砖	240		0.58	7.92	1.00	0.41	3.25			
		3 XPS 板	20	330	0.030	0.32	1.20	0.56	0.21	1.02	0.85	3.69
			30	340	0.030	0.32	1.20	0.83	0.32	1.29	0.69	3.80
			40	350	0.030	0.32	1.20	1.11	0.43	1.57	0.58	3.91
		4 混凝土面层	50		1.74	17.20	1.00	0.03	0.48			

续表 A

编号	外墙构造	构造做法		墙体总厚度（mm）	导热系数 λ [W/(m·K)]	蓄热系数 S [W/(m·K)]	修正系数 α	各层热阻 R_i (m^2·K/W)	各层热惰性指标	总热阻 $\sum R_i$ (m^2·K/W)	传热系数 K [W/(m^2·K)]	总热惰性指标 D
		各层材料	厚度 δ（mm）									
1.3	内 外 1 2 3 4	1 水泥砂浆 2 混凝土多孔砖 3 EPS 板 4 混凝土面层	20 240 40 50 60 70 50	 350 360 370 380 	0.93 0.73 0.042 0.042 0.042 0.042 1.74	11.37 7.33 0.36 0.36 0.36 0.36 17.20	1.00 1.00 1.30 1.30 1.30 1.30 1.00	0.02 0.33 0.73 0.92 1.10 1.28 0.03	0.23 2.42 0.35 0.43 0.52 0.60 0.48	 1.11 1.30 1.48 1.66 	 0.79 0.69 0.61 0.55 	 3.00 3.08 3.17 3.25
1.4	内 外 1 2 3 4	1 水泥砂浆 2 混凝土多孔砖 3 XPS 板 4 混凝土面层	20 240 20 30 40 50 50	 330 340 350 360 	0.93 0.73 0.030 0.030 0.030 0.030 1.74	11.37 7.33 0.32 0.32 0.32 0.32 17.20	1.00 1.00 1.20 1.20 1.20 1.20 1.00	0.02 0.33 0.56 0.83 1.11 1.39 0.03	0.23 2.42 0.21 0.32 0.43 0.54 0.48	 0.94 1.21 1.49 1.77 	 0.92 0.73 0.61 0.52 	 2.86 2.97 3.08 3.19

续表 A

编号	外墙构造	构造做法		墙体总厚度(mm)	导热系数 λ [W/(m·K)]	蓄热系数 S [W/(m·K)]	修正系数 α	各层热阻 R_i (m²·K/W)	各层热惰性指标	总热阻 $\sum R_i$ (m²·K/W)	传热系数 K [W/(m²·K)]	总热惰性指标 D
		各层材料	厚度 δ (mm)									
1.5	内 外 1 2 3 4	1. 水泥砂浆 2. 钢筋混凝土 3. EPS 板 4. 混凝土面层	20 180 50 60 70 50	 300 310 320 	0.93 1.74 0.042 0.042 0.042 1.74	11.37 17.20 0.36 0.36 0.36 17.20	1.00 1.00 1.30 1.30 1.30 1.00	0.02 0.10 0.92 1.10 1.28 0.03	0.23 1.72 0.43 0.52 0.60 0.48	1.07 1.25 1.43	0.82 0.71 0.63	2.86 2.95 3.03
1.6	内 外 1 2 3 4	1. 水泥砂浆 2. 钢筋混凝土 3. XPS 板 4. 混凝土面层	20 180 40 50 60 50	 290 300 310 	0.93 1.74 0.030 0.030 0.030 1.74	11.37 17.20 0.32 0.32 0.32 17.20	1.00 1.00 1.20 1.20 1.20 1.00	0.02 0.10 1.11 1.39 1.67 0.03	0.23 1.72 0.43 0.54 0.64 0.48	1.26 1.54 1.82	0.70 0.59 0.50	2.86 2.97 3.07

续表 A

编号	外墙构造	构造做法		墙体总厚度 (mm)	导热系数 λ [W/(m·K)]	蓄热系数 S [W/(m·K)]	修正系数 α	各层热阻 R_i (m²·K/W)	各层热惰性指标	总热阻 $\sum R_i$ (m²·K/W)	传热系数 K [W/(m²·K)]	总热惰性指标 D
		各层材料	厚度 δ (mm)									
1.7	内 1 2 3 4 外	1 水泥砂浆	20		0.93	11.37	1.00	0.02	0.23			
		2 加气混凝土砌块	200		0.20	3.00	1.25	0.80	3.00			
		3 EPS 板	20	290	0.042	0.36	1.30	0.37	0.17	1.22	0.73	3.88
			30	300	0.042	0.36	1.30	0.55	0.26	1.40	0.65	3.97
			40	310	0.042	0.36	1.30	0.73	0.35	1.58	0.58	4.06
			50	320	0.042	0.36	1.30	0.92	0.43	1.77	0.52	4.14
		4 混凝土面层	50		1.74	17.20	1.00	0.03	0.48			
1.8	内 1 2 3 4 外	1 水泥砂浆	20		0.93	11.37	1.00	0.02	0.23			
		2 加气混凝土砌块	200		0.20	3.00	1.25	0.80	3.00			
		3 XPS 板	20	290	0.030	0.32	1.20	0.56	0.21	1.41	0.64	3.92
			30	300	0.030	0.32	1.20	0.83	0.32	1.68	0.55	4.03
			40	310	0.030	0.32	1.20	1.11	0.43	1.96	0.47	4.14
		4 混凝土面层	50		1.74	17.20	1.00	0.03	0.48			

附录 B　预埋件设计

B. 0. 1　由锚板和对称配件的直锚筋所组成的受力预埋件，其锚筋的总截面面积应按下列公式计算。

（1）当有剪力、法向拉力和弯矩共同作用时，应按下列两公式计算，并取较大值：

$$A_s \geqslant \frac{V}{\alpha_\gamma \alpha_v f_y} + \frac{N}{0.8\alpha_b f_y} + \frac{M}{1.3\alpha_\gamma \alpha_b f_y Z} \qquad (B.0.1\text{-}1)$$

$$A_s \geqslant \frac{N}{0.8\alpha_b f_y} + \frac{M}{0.4\alpha_\gamma \alpha_b f_y Z} \qquad (B.0.1\text{-}2)$$

（2）当有剪力、法向拉力和弯矩共同作用时，应按下列两公式计算，并取较大值：

$$A_s \geqslant \frac{V - 0.3N}{\alpha_\gamma \alpha_v f_y} + \frac{M - 0.4NZ}{1.3\alpha_\gamma \alpha_b f_y Z} \qquad (B.0.1\text{-}3)$$

$$A_s \geqslant \frac{M - 0.4NZ}{0.4\alpha_\gamma \alpha_b f_y Z} \qquad (B.0.1\text{-}4)$$

当 $M < 0.4NZ$ 时，取 $M - 0.4NZ = 0$。

（3）上述公式中的系数，应按下列公式计算：

$$\alpha_v = (4.0 - 0.08d)\sqrt{\frac{f_c}{f_y}} \qquad (B.0.1\text{-}5)$$

$$\alpha_b = 0.6 + 0.25\frac{t}{d} \qquad (B.0.1\text{-}6)$$

上述各式中：

A_s——锚筋的截面面积，mm^2；

V——剪力设计值，N；

N——法向拉力或法向压力设计值，N，法向压力设计值不应大于0.5，此处A为锚板的面积，mm^2；

M——弯矩设计值，N · mm；

α_γ——钢筋层数影响系数，当等间距配置时，二层取1.0，三层取0.9；

α_v——锚筋受剪承载力系数，按式(B.0.1-5)计算，当α_v大于0.7时，取$\alpha_v = 0.7$；

d——锚筋直径，mm；

t——锚板厚度，mm；

α_b——锚板弯曲变形折减系数，按式(B.0.1-6)计算，当采取措施防止锚板弯曲变形时，可取$\alpha_b = 1.0$；

Z——外层锚筋中心线之间的距离，mm；

f_c——混凝土轴心受压强度设计值，按GB 50010采用；

f_y——钢筋抗拉强度设计值，按GB 50010采用。

B.0.2 受力预埋件的锚板宜采用Q235等级B的钢板。锚筋应采用HPB300级或HRB335级钢筋，并不得采用冷加工钢筋。

B.0.3 预埋件受力直径锚筋不宜少于4根，直径不宜大于8 mm。受剪预埋件的直锚筋可用2根。预埋件的锚筋应放在构件的外排主筋的内侧。

B.0.4 直锚筋与锚板应采用T型焊，锚筋直径不大于20 mm时宜采用压力埋弧焊。手工焊缝高度不宜小于6 mm及$0.5d$(HPB300级钢筋)或$0.6d$(HRB335级钢筋)。

B.0.5 充分利用锚筋的受力强度时，锚固长度应符合现行国家标准《混凝土结构设计规范》GB 50010的规定，锚筋最小锚固长度在任何情况下不应小于250 mm。当锚筋配置较多，锚筋总截面面积超过本规程B.0.1条计算的截面面积的1.4倍时，锚固长度可适当减小，但不应小于180 mm。光圆钢筋端部应做弯钩。

B.0.6 锚板的厚度应大于锚筋直径的0.6倍；受拉和受弯预埋件的锚板的厚度尚应大于$b/12$(b为锚筋的间距)，且锚板厚度不应小于 8 mm。锚栓中心至锚板边缘的距离不应小于 $12d$ 及 20 mm。

对于受拉和受弯预埋件,其钢筋的间距和锚筋至构件边缘的距离均不应小于 $3d$ 及 45 mm。

对于受剪预埋件,其锚筋的间距不应大于 300 mm,锚筋至构件边缘的距离不应小于 $6d$ 及 70 mm。

本规程用词说明

1 执行本规程条文时,对要求严格程度不同的用词说明如下:

(1)表示很严格,非这样做不可的用词:

正面词采用“必须”,反面词采用“严禁”。

(2)表示严格,在正常情况下均应这样做的用词:

正面词采用“应”,反面词采用“不应”或“不得”。

(3)表示允许稍有选择,在条件许可时首先应这样做的用词:

正面词采用“宜”,反面词采用“不宜”。

表示有选择,在一定条件下可以这样做的,采用“可”。

2 条文中指明应按其他有关标准、规范执行时,写法为“应按……执行”或“应符合……要求或规定”。

引用标准名录

1 《混凝土结构设计规范》GB 50010
2 《建筑设计防火规范》GB 50016
3 《建筑物防雷设计规范》GB 50057
4 《民用建筑热工设计规范》GB 50176
5 《建筑工程施工质量验收统一标准》GB 50300
6 《建筑装饰装修工程质量验收规范》GB 50210
7 《混凝土结构工程施工质量验收规范》GB 50204
8 《建筑节能工程施工质量验收规范》GB 50411
9 《绝热用模塑聚苯乙烯泡沫塑料》GB/T 10801.1
10 《绝热用挤塑聚苯乙烯泡沫塑料(XPS)》GB/T 10801.2
11 《金属与石材幕墙工程技术规范》JGJ 133
12 《外墙外保温工程技术规程》JGJ 144
13 《建筑工程饰面砖粘结强度检验标准》JGJ 110
14 《钢筋焊接网混凝土结构技术规程》JGJ 114

河南省工程建设标准

混凝土保温幕墙工程技术规程

Technical specification for concrete curtain walls with insulation layer engineering

DBJ41/T112—2016

条 文 说 明

目　次

1　总　则…………………………………………………… 35
3　材　料…………………………………………………… 36
　3.1　一般规定………………………………………………… 36
　3.2　材料性能………………………………………………… 36
4　性能与构造………………………………………………… 37
　4.1　一般规定………………………………………………… 37
　4.2　性能要求………………………………………………… 37
　4.3　构造要求………………………………………………… 37
　4.4　防火与防雷设计………………………………………… 37
　4.5　热工设计………………………………………………… 38
5　结构设计…………………………………………………… 39
　5.1　一般规定………………………………………………… 39
　5.2　荷载和作用……………………………………………… 41
　5.3　混凝土面层设计………………………………………… 42
　5.4　连接件设计……………………………………………… 42
6　施　工…………………………………………………… 43
　6.1　一般规定………………………………………………… 43
　6.2　模板子项工程…………………………………………… 43
　6.3　保温板子项工程………………………………………… 43
　6.4　钢筋子项工程…………………………………………… 44
　6.5　混凝土子项工程………………………………………… 44
7　验　收…………………………………………………… 45
　7.1　一般规定………………………………………………… 45
　7.3　保温板子项工程………………………………………… 45
　7.4　混凝土子项工程………………………………………… 46

1 总 则

1.0.1 编制本规程的目的是统一和加强混凝土保温幕墙工程的设计、施工和质量验收，保证工程质量。

1.0.2 本条规定包含两项内容：一是适用于新建民用建筑的混凝土和砌体结构基层；二是适用于既有民用建筑节能改造的混凝土和砌体结构基层。

新建工业建筑和既有工业建筑节能改造可参照执行，执行中需注意：

1 本规程关于建筑节能设计方面的要求是针对民用建筑的，建筑热工设计方面的要求是针对民用建筑的。

2 既有建筑节能改造情况比较复杂，技术上主要涉及构造设计和基层处理等方面。既有建筑基层处理主要应注意墙体是否坚实，墙面抹灰层是否空鼓以及饰面砖、涂料饰面层处理等问题。

3 材 料

3.1 一般规定

3.1.1 混凝土保温幕墙系统的材料是保证幕墙质量和安全的物质基础。概括起来，基本上可有三大类型材料，即骨架材料、保温板材、密封材料。

3.1.2 混凝土保温幕墙系统的材料都是通用材料，由于生产厂家不同，质量差别还是较大的。因此，为确保幕墙安全可靠，要求幕墙所使用的材料都必须符合国家或行业标准规定的质量指标和设计要求，不合格的材料严禁使用，出厂时，必须有出厂合格证。

3.2 材料性能

3.2.1 保温材料采用 EPS 板和 XPS 板。从保温板材混凝土浇筑受压变形试验结果可知，在保温板材两侧混凝土高差 400 mm 情况下，XPS 板的变形比 EPS 板的变形小。

3.2.2 混凝土强度等级不应低于 C25，是考虑河南省环境条件下的混凝土面层的耐久性需要。由于混凝土面层厚度不超过 60 mm，混凝土面层一般采用细石混凝土。

3.2.3 钢板、角钢主要用于连接件，钢筋主要用于混凝土面层配筋。

3.2.4 硅酮耐候密封胶用于混凝土保温幕墙板缝处密封防水处理，要求黏结力强，延伸率大，拉伸强度合适。

4 性能与构造

4.1 一般规定

4.1.1 当建筑物的外维护结构是新建混凝土结构时,应优先选用现浇混凝土保温幕墙;当建筑物的外维护结构是既有建筑或新建砌体结构时,应选用后置混凝土保温幕墙。并根据使用功能进行幕墙热工设计。

4.1.2 增加凸出或凹进去的线条可以增加建筑物的外观效果。但考虑混凝土保温幕墙的施工特点,线条应尽量平滑,同时也要考虑防尘、雨水自洁的问题。

4.2 性能要求

混凝土保温幕墙的性能主要是安全度和保温效果。

4.3 构造要求

4.3.1 考虑施工的可行性和保护层厚度的要求,规定混凝土保温幕墙的混凝土面层厚度不应小于 50 mm。

4.3.2 混凝土保温幕墙的混凝土面层设置缩缝和胀缝是为了补偿夏季、冬季室内外温差造成的混凝土面层变形,防止混凝土面层出现不规则裂缝。

4.4 防火与防雷设计

4.4.1 国家固定灭火系统和耐火构件监督检验中心进行的混凝土保温幕墙耐火性能检验表明:混凝土保温幕墙的耐火性能大于

4 h,符合《建筑设计防火规范》GB 50016。

4.4.2 在《建筑物防雷设计规范》GB 50057 中没有很具体、很明确地提出对幕墙防雷的规定。

4.5 热工设计

4.5.2 附录 A 提供了混凝土保温幕墙的不同构造参考做法及热工性能参数供设计时采用。

5 结构设计

5.1 一般规定

5.1.1 混凝土保温幕墙是建筑物的围护构件，主要承受自重、直接作用于其上的风荷载和地震作用。其支承条件须有一定变形能力，以适应主体结构的位移；当主体结构在外力作用下产生位移时，不应使混凝土保温幕墙产生过大内力。

对于竖直的建筑物幕墙，风荷载是主要的作用，其数值可达2.0～5.0 kN/m^2，使面板产生很大的弯曲应力。而混凝土保温幕墙自重较轻，即使按最大地震作用系数考虑，也不过是0.1～0.8 kN/m^2，远小于风力。因此，对幕墙构件本身而言，抗风压是主要的考虑因素。但是，地震是动力作用，对连接节点会产生较大的影响，使连接处发生震害甚至使幕墙脱落、倒塌，所以除计算地震作用力外，构造上还必须予以加强。

5.1.2 混凝土保温幕墙由混凝土面层和连接件组成，其变形能力是很小的。在地震作用和风力作用下，将会产生侧移。可以通过减小连接件间距，增加混凝土面层承载力、刚度和相对于主体结构的位移能力。

5.1.3 非抗震设计的混凝土保温幕墙，风荷载起控制作用。在风力作用下，幕墙与主体结构之间的连接件发生拔出、拉断等严重破坏比较少见。在常遇地震（比设防烈度低1.5度，大约50年一遇）作用下幕墙不能破坏，应保持完好；在中震（相当于设防烈度，大约200年一遇）作用下，幕墙不应有严重破坏，一般只允许部分板面破裂，经修理后仍然可以使用。在罕遇地震（相当于比设防烈度高 1.5 度,1 500 ~ 2 000 年一遇)作用下,混凝土保温幕墙面板不应脱落、倒塌。幕墙的抗震构造措施,应保证上述设计目标能实现。

5.1.5 目前,结构设计的标准是小震下保持弹性,不产生损害。在这种情况下,幕墙也应处于弹性状态。因此,本规程中有关的内力计算均采用弹性计算方法进行。

5.1.7 作用在幕墙的风压和地震作用都是可变的,同时达到最大值的可能性很小。例如最大风力按 30 年一遇最大风值考虑,地震按 500 年一遇的设防烈度考虑。因此,在进行效应组合时,第一个可变荷载或作用效应的组合值系数按 1.0 考虑,第二个可变荷载或作用效应的组合值系数按 0.6 考虑。

5.1.8 在荷载及地震作用和温度作用下产生的应力应进行组合,求得应力的设计值。荷载、地震作用产生的应力组合分项系数按现行国家标准《建筑结构荷载规范》GB 50009 采用。

当然,在有经验的情况下,能判断出起控制作用的组合时,可以不计算不起控制作用的组合;或者在组合中略去不起控制作用的因素,如只考虑风力作用等。目前,设计中常采用的组合参见表 5.1.8。

表 5.1.8 荷载和作用所产生的内力设计值的常用组合

组合内容	内力表达式
永久荷载	$S = 1.2S_{Gk}$
永久荷载 + 风	$S = 1.2S_{Gk} + 1.4S_{Wk}$
永久荷载 + 风 + 地震	$S = 1.2S_{Gk} + 1.4S_{Wk} + 0.78S_{Ek}$
风	$S = 1.4S_{Wk}$
风 + 地震	$S = 1.4S_{Wk} + 0.78S_{Ek}$

表中 S——荷载和作用产生的截面内力设计值;

S_{Gk}、S_{Wk}、S_{Ek}——永久荷载、风荷载和地震作用产生的内力标准值。

5.2 荷载和作用

5.2.2 现行国家标准《建筑结构荷载规范》GB 50009 适合于主体结构设计，其附图《全国基本风压分布图》中的基本风压值是 30 年一遇，10 min 平均风压值。进行幕墙设计时，应采用阵风最大风压。由气象部门统计，并根据国际上 ISO 的建议，10 min 平均风速转换为 3 s 的阵风风速，可采用变换系数 1.5。风压与风速平方成正比，因此本规程的阵风系数 β_{gz} 值取为 $1.5^2=2.25$。

幕墙设计时采用的风荷载体型系数 μ_s，应考虑风力在建筑物表面分布的不均匀性。由风洞试验表明：建筑物表面的最大风压和风吸系数可达 ±1.5，挑檐向上的风吸系数可达 -2.0。建筑物垂直表面最大局部风压系数最大值 $\mu_s=\pm1.5$，主要部分在角面和近屋顶边缘，其宽度为建筑物宽度的 0.1 倍，且不大于 1.5 m。大面上的体型系数可考虑为 $\mu_s=\pm1.0$。目前，多数幕墙按整面 $\mu_s=\pm1.5$ 进行设计是偏于安全的。

风力是随时间变动的荷载，对于这种脉动性变化的外力，可以通过两种方式之一来考虑：

(1)通过风振系数 β_z 考虑，多用于周期较长、振动效应较大的主体结构设计。

(2)通过最大瞬时风压考虑，对于钢度大、周期极短、变形很小的幕墙构件，采用这种方式较为合适。

不论采用何种方式，都是一个考虑多种因素影响的综合性调整系数，用来考虑变动风力对结构的不利影响。表达形式虽然不同，其目的是大体相同的。

5.2.3 按我国现行国家标准《建筑抗震设计规范》GB 50011，在建筑物使用期间(大约 50 年一遇)的常遇地震，其他地震影响系数见表 5.2.3。

表 5.2.3 地震影响系数

地震烈度	6 度	7 度	8 度
地震影响系数	0.04	0.08	0.16

5.3 混凝土面层设计

5.3.1 混凝土面层的混凝土强度等级不应低于 C25 是根据河南省所处环境类别和耐久性基本要求确定的，寒冷地区的面板混凝土应使用引气剂。为了减少混凝土面层的裂缝，面板混凝土强度等级不宜高于 C40。

5.4 连接件设计

5.4.2 连接件间距应考虑混凝土面层的刚度需要。为了控制混凝土面层的变形量，要求混凝土面层悬挑长度不应超过 100 mm。为了保证混凝土面层与连接件的可靠性，要求连接件至混凝土面层边沿不小于 50 mm。

5.4.7 后置混凝土保温幕墙的连接件在主体结构完成后埋设，可以在主体结构的预留洞中浇筑混凝土埋设，也可以先在主体结构上埋设预埋件，然后焊上连接件。

6 施　工

6.1 一般规定

6.1.1 根据国家标准《建筑工程施工质量验收统一标准》GB 50300的有关规定，本条对内置保温混凝土结构工程施工现场和施工项目的质量管理体系和质量保证体系提出了要求。施工单位应推行生产控制和合格控制的全过程质量控制。对施工现场质量管理，要求有相应的施工技术标准、健全的质量管理体系、施工质量控制和质量检验制度；对具体的施工项目，要求有经审查批准的施工组织设计和施工技术方案。上述要求应能在施工过程中有效运行。

6.1.2 施工组织设计和施工技术方案应按程序审批，对涉及结构安全和人身安全的内容，应有明确的规定和相应的措施。

6.1.4 后置混凝土保温幕墙连接件的安装可以先在现浇混凝土构件上留设预埋件，然后焊接型钢连接件；也可以将型钢连接件先浇筑在混凝土预制块中，在砌体施工时把混凝土预制块砌在预定位置。

6.2 模板子项工程

6.2.1 模板系统的可靠性是保证混凝土外观的关键因素，应按《建筑施工模板安全技术规范》JGJ 162 的规定进行设计。

6.2.2 现浇混凝土保温幕墙中的连接件与混凝土同时施工，应采取可靠的固定措施保证连接件在施工过程中不发生位移。

6.3 保温板子项工程

6.3.1 保温板分项工程的隐蔽工程验收要求有详细的文字记录

和必要的图像资料，是《建筑节能工程施工质量验收规范》GB 50411的基本要求。

6.3.4 现浇混凝土保温幕墙中使用的保温板，应尽量使用整块的，避免固定不牢，在混凝土浇筑时发生位移。

6.4 钢筋子项工程

6.4.2 保证钢筋焊接网、附加钢筋和连接件之间的连接可靠，是保证混凝土面层与连接件可靠连接的前提，也是保证混凝土保温幕墙整体安全的关键点。

6.4.6 垫块应具有限制保温板位移和保证保护层厚度的双重作用。

6.5 混凝土子项工程

6.5.2 限制粗集料最大颗粒粒径是为了保证混凝土面层的浇筑质量。

6.5.4 严格控制混凝土浇筑时保温板两侧混凝土的高差是为了防止保温板发生变形或位移。

6.5.6 后置混凝土保温幕墙分两次涂抹混凝土是为了保证面层混凝土的施工质量。

6.5.7 由于面层混凝土比较薄，在环境温度低于0 ℃时，新浇筑混凝土应采取保温措施防止冻害。

6.5.8 实践表明，混凝土浇筑完毕后，采取有效的养护措施，可以减少混凝土表面的炭化深度和开裂。

6.5.9 合理的分缝处理，可以避免混凝土保温幕墙出现不规则裂缝。

7 验 收

7.1 一般规定

7.1.1 混凝土保温幕墙验收的程序和组织与《建筑工程施工质量验收统一标准》GB 50300 的规定一致，即应由监理方（建设单位项目负责人）主持，会同参与工程建设各方共同进行。

7.1.2 本条规定与《建筑工程施工质量验收统一标准》GB 50300 和各专业工程施工质量验收规范完全一致。应注意对于“一般项目”不能作为可有可无的验收内容，验收时应要求一般项目亦应“全部合格”。当发现不合格情况时，应进行返工修理。只有当难以修复时，对于采用计数检验的验收项目，才允许适当放宽，即至少有 80% 以上的检查点合格即可通过验收，同时规定其余 20% 的不合格点不得有“严重缺陷”。对“严重缺陷”可理解为明显影响了使用功能，造成功能上的缺陷和降低。

7.3 保温板子项工程

7.3.1 用于混凝土保温幕墙的保温板材主要采用 EPS 板或 XPS 板，其品种、规格应符合设计要求，不能随意改变和替代。在材料、构件进场时通过目视和尺量、称重等方法检查，并对其质量证明文件进行核查确认。检查数量为每种材料、构件按进场批次每批次随机抽取 3 个试样进行检查。当能够证实多次进场的同种材料属于同一生产批次时，可按该材料的出厂检验批次和抽样数量进行检查。如果发现问题，应扩大抽查数量，最终确定该批材料、构件是否符合设计要求。

7.3.2 保温材料的主要热工性能是否满足本条规定,主要依靠对各种质量证明文件的核查和进场复验。核查质量证明文件包括核查材料的出厂合格证、性能检测报告、构件的型式检验报告等。当上述质量证明文件和各种检测报告为复印件时,应加盖证明其真实性的相关单位印章和经手人员签字,并应注明原件存放处。必要时,还应核对原件。

7.3.3 本条列出节能工程保温材料进场复验的具体项目和参数要求。复验的试验方法应遵守相应产品的试验方法标准。复验指标是否合格应依据设计要求和产品标准判定。复验抽样频率按《建筑节能工程施工质量验收规范》GB 50411 规定。

7.3.4 保温板材的厚度对保温效果影响较大,保温板在模板内的位置和固定牢固程度会影响结构安全,所以要求严格检查并作包含图像资料的隐蔽工程验收记录。

7.3.5 本条特别对寒冷地区的外墙热桥部位提出要求。这些地区外墙的热桥,对于墙体总体保温效果影响较大。故要求均应按设计要求采取隔断热桥或节能保温措施。

7.4 混凝土子项工程

7.4.2 对现浇混凝土保温幕墙外观质量的验收,采用检查缺陷,并对缺陷的性质和数量加以限制的方法进行。本条给出了确定现浇结构外观质量严重缺陷、一般缺陷的一般原则。各种缺陷的数量限制可由各地根据实际情况作出具体规定。当外观质量缺陷的严重程度超过本条规定的一般缺陷时,可按严重缺陷处理。在具体实施中,外观质量缺陷对结构性能和使用功能等的影响程度,应由监理(建设)单位、施工单位等各方共同确定。对于具有重要装饰效果的清水混凝土,考虑到其装饰效果属于主要使用功能,故将其表面外形缺陷、外表缺陷确定为严重缺陷。

现浇混凝土保温幕墙拆模后,施工单位应及时会同监理(建设)单位对混凝土外观质量和尺寸偏差进行检查,并作出记录。不论何种缺陷都应及时进行处理,并重新检查验收。

7.4.3 外观质量的严重缺陷通常会影响到结构性能、使用功能或耐久性。对已经出现的严重缺陷,应由施工单位根据缺陷的具体情况提出技术处理方案,经监理(建设)单位认可后进行处理,并重新检查验收。本条为强制性条文,应严格执行。

7.4.4 过大的尺寸偏差可能影响结构构件的受力性能、使用功能,也可能影响设备在基础上的安装、使用。验收时,应根据现浇结构、混凝土设备基础尺寸偏差的具体情况,由监理(建设)单位、施工单位等各方共同确定尺寸偏差对结构性能和安装使用功能的影响程度。对超过尺寸允许偏差且影响结构性能和安装、使用功能的部位,应由施工单位根据尺寸偏差的具体情况提出技术处理方案,经监理(建设)单位认可后进行处理,并重新检查验收。本条为强制性条文,应严格执行。

7.4.5 外观质量的一般缺陷通常不会影响到结构性能、使用功能,但有碍观瞻。故对已经出现的一般缺陷,也应及时处理,并重新检查验收。

7.4.6 本条给出了混凝土保温幕墙的允许偏差及检验方法,并结合内置保温的具体情况提出了保温板材允许位移数值。在实际应用时,尺寸偏差除应符合本条规定外,还应满足设计提出的要求。尺寸偏差的检验方法可采用表 7.4.6 的方法,也可采用其他方法和相应的检测工具。